입학선물로
제주도 한달살기를
선물했다

입학선물로 제주도 한달살기를 선물했다
ⓒ심양석

1판 1쇄 펴냄   2024년 01월 24일

지은이   심양석
펴낸곳   유소리 출판사

출판등록   2023년 1월 16일 제 2023-000005 호
이메일   smallteacher85@hanmail.net
인스타그램   @smallteacher85

ISBN   979-11-985675-0-5(03980)

※ 일러두기
 본문의 일부 표현은 저자의 의도에 따라 한글맞춤법을 따르지 않고 그 표현을 살렸습니다.

두아들아빠의 우당탕탕 난리법석 제주도 한달살기 여행툰

입학선물로
제주도 한달살기를
선물했다

글·그림·사진 심양석

유소리 출판사
•YouSori BOOK •

입학선물로

제주도 한달살기를

선물했다

Contents

제주도
한달살기
준비

결심

비장의 카드

제주도 한달살기 요모조모

제주도 한달살기 숙소 알아보기

. 제주도 한달살기 숙소 종류 : 빌라, 펜션, 주택, 호텔 등
. 제주도 한달살기 숙소를 알아보는 방법 : 에어비앤비, 리브애니웨어, 미스터멘션, 멘또
(네이버 카페), 네이버 블로그, 인스타그램 등

두아들아빠의 숙소 선정 포인트는
. 제주도 특색에 맞는 예쁜 돌담이 있을 것.
. 숙소에서 걸어서 해변에 갈 수 있을 것.
. 아이들이 뛰어놀 수 있는 마당이 있을 것.
. 우리 가족이 단독으로 사용할 수 있을 것.

위 4가지가 모두 충족되는 숙소를 찾아봤고, 네이버 블로그에서 우리의 조건에 딱 맞는 숙소를 찾아서 바로 예약했습니다.

그 외 중요 포인트로는
. 우리 가족이 원하는 포인트를 확실히 정하기.
. 가고 싶은 관광지가 주로 제주시에 있는지 서귀포시에 있는지 꼭 확인할 것.
(이 부분이 정말 중요한 게 제주도는 생각보다 커서 이동시간이 꽤 걸립니다.)

위 2개의 포인트를 참고하면 보다 수월하고 멋진 숙소를 고를 수 있지 않을까 합니다~^^

제주도 한달살기 준비

로드 탁송?
캐리어 탁송?

로드 탁송

1. 담당 기사님이 차량을 수령 후, 목포항까지 직접 운전함.

2. 목포항에서 제주항까지 이동 후, 담당 기사님이 제주항에서 제주공항 주차장까지 운전함.

캐리어 탁송

1. 담당 기사님이 차량을 수령 후, 경기 시흥, 부천, 수원 중 가까운 차고지로 이동하고 캐리어로 목포항까지 운송

2. 목포항에서 제주항까지 이동 후, 담당 기사님이 제주항에서 제주공항 주차장까지 운전함.

로드 탁송 (55만 정도)

장점 : 캐리어 탁송보다 가격이 저렴함(10만원 정도)
　　　차량 인수인계 시간 조율이 가능하다고 함.
단점 : 주유비가 많이 들고, 킬로수가 늘어남.

캐리어 탁송 (60~70만 정도)

장점 : 킬로수가 많이 늘지 않음
단점 : 로드 탁송보다 가격이 비싸고, 여러 대의 차량을
　　　모아 진행을 하다 보니, 시간 조율이 어려움.

두아들아빠네는 목포항까지 거리가 멀어서

캐리어 탁송으로 진행했습니다~^^

※ 2022년 7월 기준입니다. ※

제주도 한달살기 요모조모

탁송

제주도 한달살기 출발 이틀 전. 제가 예약했던 탁송업체에서 방문하겠다는 문자가 왔습니다.
(이..이제 정말로 가는구나...두근두근)

출발 전날. 분홍색 반바지가 인상적인 기사님이 오셔서 우리 차를 가지고 가셨습니다.

대망의 제주도 한달살기 스타트!!!! 아침 일찍 준비하고 김포공항에 도착하니, 우리 차가 무사히 제주공항에 도착했다는 기쁜 소식이..^^ (소리 질러~~~)

이미지 출처 : 제주굿서비스

이제 우리 차 타고 편하고 재밌게 제주도 한달살기 시작~~~~^^

다시 탁송을 맡길 때도 B구역에 주차하고, 기사님한테 인수한 후 우리 가족은 마음 편하게 서울로 올라올 수 있었습니다.

그런데 제주도 한달살기를 한창 재밌게 하던 중 이런 충격적인 뉴스가!!!

"차가 제주에 묶이게 됐어요"…탁송 중단에 관광객들 불똥

입력 2022.07.30 (00:05)   수정 2022.07.30 (00:09)

이미지 출처 : KBS뉴스

결과적으로 제가 계약한 업체와는 무관해, 위와 같은 불상사가 생기지는 않았지만,

만약 우리한테도 이런 일이 생겼다면 저는 맨붕에 빠져서 아이들과 재밌게 놀지도 못하고 계속 이 일에 매달리느라 제주도 한달살기가 엉망진창이 되지 않았을까 합니다.

이런 일이 2023년에도 심심치 않게 뉴스에 나오던데, 부디 다시는 이런 일이 생기지 않고 모두 행복한 제주도 여행이 되기를 희망합니다. (제발~~~)

한강 러닝

제주도 한달살기 4개월 전부터 무작정 한강 러닝을 시작했다.

이유는 단시간에 체력을 키우는데 러닝이 좋을 것 같아서였다.

하지만 무작정 시작한 러닝이라 그런지 한 2주 동안은
왼쪽 무릎이랑 발바닥이 진짜 너무너무 아파서 고생을 많이 했다.

그럼에도 나는 미련하지만, 달릴 수 있으면 계속 달렸다.

그만큼 나는 아이들과 함께 제주도 한달살기를 잘 보내길
너무나도 간절히 원했다.

그렇게 나는 "NO PAIN!! NO GAIN!!"을 외치며 뛰었다.

제주도
한달살기
준비

계획

제주도
한달살기
준비

그주 후..,

까아~

출처 : @nayoungkeem (인스타그램)

꺄~~^^
진짜 너무너무
귀엽당~

이별 미수

아빠, 봄이, 딸기 셋이 먼저
제주도로 출발   엄마 제주도
                        합류

7월 21일 ……약 그주…… 8월 5일

가만.., 생각해 보니까
내가 그주 후에
제주도에 가면..,

여보 어서와~^^

엄마~
보고 싶었오~

꺄아악!!!!

세 남자 모두
못 알아볼 정도로
까매지는 거 아냐??

덜덜

자!! 남편 잘 들어!!!
이게 물놀이 선크림이야
아침에 애들 화장품 바를 때 얼굴에 꼼꼼하게 발라주고,
밖에 나갈 때 팔다리도 더 발라줘!
그리고 이건 선클렌징 티슈라는 건데 저녁에 애들 이걸로 얼굴
꼼꼼하게 닦아준 다음 애들 샤워시켜 줘!!
알겠지???

오..오케이..

설명 설명

제주도
한달살기
준비

이별

물론 두아들아빠만큼 걱정이 많은 엄마입니다.

제주도 한달살기 요모조모

아빠 혼자서도 잘해요~^^

엄마 없는 2주 동안 아이들과 제주도 한달살기를 할 때 드는 가장 큰 걱정 2가지

1. 애들이 엄마 보고 싶다고 울면 어쩌지??
2. 내가 애들 밥 잘 챙겨줄 수 있을까?? (나 같은 요리 똥손이??)

이래저래 걱정과 불안을 안고 제주도로 출발한 두아들아빠.

하지만 걱정이 무색할 정도로 아이들은 말도 잘 듣고 떼도 많이 안 부렸습니다. (한번 엄청 혼낸 적어 있긴 합니다만....ㅋㅋ)

숙소에서 식사는 4일에 한 번 정도 서귀포시 이마트에 가서 대량으로 밀키트와 반찬을 사서 먹이니 아이들도 잘 먹어주었습니다. (밀키트 만세 만세 만만세~~~)

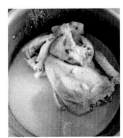

아빠가 바쁠 때는 둘이 잘 놀고 아빠 말을 잘 듣고 따라준 봄이, 딸기 정말 최고~~^^

27

제주도 한달살기 준비

짐 싸기

제주도 한달살기 D-2
본격적인 짐 싸기를 시작했다.

자!!!! 어디 시작해볼까??

자..먼저 주방 관련 물건부터..,

+ 쌀 10kg 1개
+ 고무장갑 1개
+ 키친타올 3개
+ 애들 식판 2개
+ 애들 수저 2개
+ 냄비, 그리들 1개
+ 프라이팬 1개
+ 지퍼백 중형, 대형 1개씩
+ 위생봉투 대형 1개
+ 위생장갑 1통
+ 반찬통 10개
+ 주방세제 1개
+ 수세미 2개
+ 믹스커피 한박스 등..,

때링~

다음은 욕실 관련 물건들을..,

+ 엄마, 아빠 세안제 1개
+ 엄마, 아빠 바디워시 1개
+ 엄마, 아빠 샴푸 1개
+ 엄마, 아빠 얼굴/바디스크럽 1개
+ 아이들 바디워시 1개
+ 손비누 2개
+ 손세정제 1개
+ 칫솔 4개
+ 치약 2개
+ 치실 2봉지
+ 혀클리너 4개
+ 면도기 3개
+ 수건 10개
+ 두루마리 휴지 6개 등..,

때링~

다..다음은 물놀이 물건들을..,

+ 엄마, 아빠 수영복 2개
+ 아이들 수용복 4개
+ 튜브 2개
+ 스노쿨링 마스크 2개
+ 구명조끼 2개
+ 곤충채집통 1개
+ 잠자리채 1개
+ 방수가방 1개
+ 비치가운 2개
+ 큰 수건 2개 등..,

때링~

애들 장난감이랑 파라솔도 가져가면 좋겠지??

+ 애들 장난감 상자
+ 파라솔 1개
+ 킥보드 2개
+ 웨건 1개
+ 보드게임 여러개
+ 동화책 여러권
+ 발포매트 1개
+ 홈매트 2개
+ 서큘레이터 2개
+ 모기향 1통
+ 미니선풍기 2개
+ 손톱깎이 세트 1개
+ 상비약
+ 각종 디지털기기 등..,

때링~

누가 보면 제주도 한달살기가 아니라 이민 가는 줄 알겠다.

제주도 한달살기 요모조모

제주도 한달살기 준비물 체크리스트

사용처	물 품	갯수	비고	차량	캐리어	체크
주방관련	고무장갑	1		○		
	키친타올	3		○		
	쌀	1	10kg	○		
	애들 식판	2		○		
	애들 수저	2		○		
	캠핑냄비	1	마당에서 고기 구워 먹을 때	○		
	그리들	1	마당에서 고기 구워 먹을 때	○		
	지퍼백	2	중형, 대형 각 한팩씩	○		
	위생봉투	1	대형	○		
	위생장갑	1		○		
	반찬통	10	플라스틱	○		
	주방세제	1		○		
	믹스커피	1	한박스	○		
	수세미	3		○		
욕실관련	엄빠 세안제	1		○		
	엄빠 샴푸	1		○		
	엄빠 얼굴/바디스크럽	1		○		
	바디워시	2	성인용, 애들용	○		
	샤워볼	2	성인용, 애들용	○		
	손비누	2		○		
	손세정제	1		○		
	칫솔	4	가족 각 1개씩	○		
	치약	2	성인용, 애들용	○		
	치실	2	성인용, 애들용 한봉지씩	○		
	혀클리너	4	가족 각 1개씩	○		
	면도기	2		○		
	수건	10		○		
	두루마리 휴지	5		○		

사용처	물품	갯수	비고	차량	캐리어	체크
세탁용품	세탁세제	2	애들꺼	○		
	세탁망	1		○		
옷	엄빠 옷	5	윗.아랫도리	○		
	애들 옷	5	윗.아랫도리	○		
	엄빠 속옷	5		○		
	애들 속옷	5		○		
	모자	4	가족 각 1개씩	○		
신발	엄빠 크록스	2		○		
	애들 크록스	2		○		
	애들 하얀운동화	2		○		
화장품	면봉	1	한봉지	○		
	피지오겔	2		○		
	바디로션	1		○		
	립밤	1		○		
	스킨	1		○		
	선크림 & 티슈	2		○		
	마스크팩	1		○		
	데오도란트	2			○	
수영용품	엄빠 수영복	2		○		
	애들 수영복	4	종류별로 2개	○		
	튜브	2		○		
	스노클링 마스크	2	L 1개, M 1개	○		
	구명조끼	2		○		
	곤충채집통, 주방집게	1개씩	게랑 성게 잡을 때 좋음.	○		
	잠자리채	2		○		
	방수가방	1	발포매트 가방	○		
	비치가운	2		○		
	큰수건	2		○		

사용처	물 품	갯수	비 고	차량	캐리어	체크
기타	각티슈	2		O		
	대형 물티슈	4		O		
	소형 물티슈	6		O		
	알코올 티슈	6		O		
	킥보드	2		O		
	장난감			O		
	보드게임			O		
	동화책			O		
	색연필	2		O		
	색종이	1	한묶음	O		
	스티커, 색칠공부	2			O	
	A4용지	1	한묶음	O		
	비누방울	2		O		
	마스크		최대한 많이	O	O	
	가위,칼,연필,지우개	2개씩		O		
	손톱깍이 세트	1		O		
	체온계	1		O		
	우리가족 영양제			O		
	상비약 통	1		O		
	삼각대	1		O		
	미니선풍기	2		O		
	홈매트	2		O		
	모기향	1	한통 (라이타 필수)	O		
	서큘레이터	2		O		
	파라솔	1		O		
	발포매트	1		O		
	아이패드	1			O	
	갤럭시탭	1			O	
	노트북 및 기타	1	노트북 가방		O	
	스팀다리미	1		O		
	각종충전기	3	핸드폰, 아이패드 등	O		
	멀티탭	2		O		
	비옷	4	가족 각 1벌씩	O		
	우산	4	가족 각 1벌씩	O		
	웨건	1		O		
	큰 백팩	1	아빠꺼 1개	O		

사용처	물품	갯수	비고	차량	캐리어	체크
기타	가방	3	아빠꺼 1개, 애들꺼 2개		○	
	책	1	제주도 여행책	○		
	촬영 옷	4	가족 각 1벌씩	○		
	주민등록등본	1			○	
	마스크팩	6		○		
	텀블러	4	가족 각 1개씩	○		
	옷걸이	20		○		
	물총	3		○		
	크롬캐스트	1		○		
	포켓몬카드	1		○		
	자충매트	2		○		
	캠핑의자	4		○		
	블루투스 스피커	1		○		
	건전지		AA, AAA	○		
	애들 디카	2		○		
	돌돌이	1	본체, 리필	○		
	캠핑탁상	1	작은거	○		
	왁스	1	아빠꺼 1개	○		
	자동차키여분	1		○		
	선그라스	2	애들꺼 2개	○		
	바람막이	4	가족 각 1벌씩		○	
	상비약		타이레놀, 해열제, 소화제, 마데카솔, 후시딘, 대일밴드, 버물리, 모기퇴치제, 냉각시트, 유산균, 비타민C 등			
	한달살기 숙소에 주방용품이 모두 갖춰져 있어 주방용품이 별로 없습니다.					

D-day

제주도
한달살기
1일차 #2

출발

숙소 도착

제주도 숙소는 제주공항에서 약 40km 떨어진 안덕면에 위치했다.

드디어 도착~^^

여기서 숨래잡기 해도 되겠다~

우와!!! 마당 있다. 마당~

씨애애앵~

아담

귀염

집이 작지만, 너무 귀엽당~^^

제주도
한달살기
1일차 #4

숙소에서
첫 식사

설상가상으로 짜장이 조금 타기도 했다.

으악!!!!! 짜장이 약간 탔잖아!!

짜장 말고는 다른 음식을 준비한 게 없어서 아이들한테 너무 미안했는데..,

흐..흑..ㅠㅠ 아빠가 요리 똥손이라서 미안해..,

봄이, 딸기가 맛있게 먹어줘서 너무너무 고마웠다.

크으.. 고..고마워..ㅠㅠ

아빠 밥 맛있어~^^

제주도 한달살기 꿀템

스티커 놀이북

아이 동반 비행기 탑승 필수 아이템이라고 전해지는 스티커북입니다.

이 스티커북 덕분에 봄이, 딸기도 제주도 가는 비행기 안에서 스티커북 하느라 심심해 하지 않고 제주도 도착까지 잘 있었습니다~~^^

그래도 보험(?)으로 스마트폰에 아이들이 좋아하는 극장판 2개 정도 저장하고 가시는 걸 추천해 드립니다..ㅋㅋ

제주도 맛집 추천

올래국수

.주   소   제주 제주시 귀아랑길 24 올래국수

.운영시간

일 : 정기휴무

월~토 : 08:20 - 15:00

라스트오더 : 14:50

.전화번호   064-742-7355

.대표메뉴

- 고기국수

두아들아빠의 솔직담백 후기

제주도 하면 대표적으로 떠오르는 음식 중 하나인 고기국수 전문점 올래국수입니다.

정말 국수 반, 고기 반이라는 수식어가 잘 어울릴 만큼 푸짐해서 한 그릇으로 아이 둘이 나눠 먹기에 충분했고, 아이들 입맛에도 잘 맞아서 맛있게 잘 먹었습니다.

평일임에도 웨이팅이 30분 정도 걸렸습니다.

제주도 관광지 추천

어떤바람

. **주   소** 제주 서귀포시 안덕면 산방로 374
. **운영시간**
일, 월 : 정기휴무
화, 수, 금, 토 : 10:00 - 16:00
목 : 13:00 - 19:00
. **전화번호** 064-792-2830

. **두아들아빠의 솔직담백 후기**
숙소 근처에 있던 너무나 예쁜 동네 작은 책방입니다.
개인적으로 대형 서점보다는 작은 동네서점을 좋아해서 방문해 보았고, 너무나도 순한 산방이와 아이들이 좋아할 만한 동화책도 있으니, 아이들과 함께 방문하는 것도 좋을 거 같습니다.

너무 좋아

45

제주도 한달살기 2일차 #2

빡세네?

제주도
한달살기
2일차 #3

여기도
폭포가??

제주도 관광지 추천

서귀포잠수함

.주   소   제주 서귀포시 남성중로 40

.운영시간

매일 : 09:20 - 16:00

.전화번호   064-732-6060

.승선요금

- 대인(만14세 이상)   65,000원
- 소인(만3세~만14세 미만)   44,000원
- 도립공원료별도 성인   1,000원
- 도립공원료별도 청소년   800원
- 도립공원료별도 어린이   500원

. **두아들아빠의 솔직담백 후기**

남자아이들의 로망(?)하면 잠수함이죠~ㅎㅎ 서귀포 잠수함은 스쿠버다이버의 피딩쇼, 산호초 구경, 난파선 구경 이렇게 3코스로 나누어져 있습니다.

잠수함이 좀 흔들리는 편이나, 아이들이 무서워하지 않고 무척 신기해하며 재밌어하였습니다.

49

제주도 관광지 추천

천지연폭포

.주　　소　제주 서귀포시 천지동 667-7

.운영시간

매일 : 09:00 - 22:00

입장마감 : 21:20

.전화번호　064-733-1528

.입장요금

- 일반　　　　　　2,000원

- 청소년, 군경　　1,000원

- 어린이　　　　　1,000원

. 두아들아빠의 솔직담백 후기

　대한민국 국민이라면 한 번쯤은 들어봤을 제주도 대표 폭포 천지연폭포.

　매표소에서 천지연폭포까지 약 10분 정도 소요 되며 산책로가 잘 조성 되어있어 산책 하기 좋았습니다.

제주도 한달살기 꿀템

크롬캐스트

아이들에게 스마트폰이나 태블릿으로 영상을 보여주지 않는 부모님이라면 꼭 필요한 아이템!!
우리 부부는 아이들의 눈 건강을 위해 스마트폰이나 태블릿으로는 영상을 보여주지 않고, TV
로 하루에 1시간 정도 시청을 하도록 아이들과 약속하였습니다.
아이들은 여행을 가더라도 티비는 포기할 수 없으니, 크롬캐스트 하나 장만하시는 것을 추천해
드립니다.

제주도 한달살기 2일차 #4

아빠 뭐해?

제주도 관광지 추천

사계해안

. 주   소   제주 서귀포시 안덕면 사계리

. 두아들아빠의 솔직담백 후기

　숙소에서 걸어서 5분이면 갈 수 있고 산방산 뷰가 너무나 아름답고 환상적인 사계해안입니다. 마린포트홀이 인상적이라 포토존으로 유명한 곳이기도 합니다.

　사실 해수욕으로는 그리 적합한 곳은 아니나 우리 가족은 3일에 한 번꼴로 방문해서 스노쿨링도 하고 작은 게, 소라, 물고기 등과 같은 해양생물도 잡으면서 너무나 즐겁게 놀았습니다.

　다시 한번 제주도 한달살기를 하게 된다고 해도 사계해안 근처로 숙소를 잡고 싶을 정도로 그만큼 우리에게 마음의 안식처가 되어주었던 곳입니다.

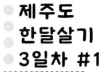

고양이??

길고양이 처음 만져봄.

55

먹이를 주자

제주도 한달살기 요모조모

보들이

매일 우리 숙소를 찾아온 보들이 (.털이 보들보들해서 봄이가 보들이라는 이름을 붙여주었습니다.^^)

아침이면 조용히 현관문 앞에 앉아서 우리가 나올 때까지 기다렸다가 우리가 나오면 애교를 부리고 간식을 먹고 가는 게 하루의 시작 루틴이 되었죠.

덕분에 마트에 갈 때마다 보들이의 간식과 고양이 장난감을 사는 등 예상치 못한 지출이 생겼답니다..ㅋㅋ

태풍이 오던 날은 '보들이가 무사할까?' 하고 걱정했을 때 보들이가 우리 숙소에 와서 비를 피하는 모습을 보고 가슴이 뭉클하기도 했답니다.

너무너무 사랑스럽고 귀여운 보들아...보고 싶다.....ㅠㅠ

제주도
한달살기
3일차 #3

짜증내지마

제주도 관광지 추천

제주다원 녹차미로공원

.주　　소 제주 서귀포시 산록남로 1246
.운영시간
매일 : 09:30 - 18:00
.전화번호　0507-1429-4433
.입장요금
- 성인　　　　11,000원
- 소인　　　　9,000원

. 두아들아빠의 솔직담백 후기
　총 1~5단계의 미로가 있는데 미로는 손으로 오른쪽을 짚고 가면 된다는 공식(?)을 모르는 아이들은 2단계를 빠져나오는 것도 쉽지 않더군요.
　미로는 3단계까지만 도전하시는 것을 추천해 드립니다.

제주도 맛집 추천

탐라는 파스타

.주　　소　제주 서귀포시 일주서로 968-8
.운영시간
매일 : 11:30 - 22:00
브레이크 타임 : 15:00 - 17:00
.전화번호　064-738-7090
.대표메뉴
- 전복 파스타
- 해산물로제 파스타
- 흑돼지 아라비아타
- 나폴리탄 파스타

. 두아들아빠의 솔직담백 후기

아이들이 빨간 스파게티를 먹고 싶다고 해서 찾아간 파스타집.

봄이와 딸기는 새콤달콤한 나폴리탄 파스타를 먹었는데, 약간 입맛이 아닌지 많이 먹지는 않았습니다.

저는 전복 파스타를 먹어봤는데, 전복도 크고 맛있어서 만족했습니다.

그림을
그리세요^^

딸기는 토끼러버

딸기는 토끼를 너무너무 사랑하는 토끼러버다.

토끼는 정말 너무너무 귀엽고 사랑스러워~

우~

딸기의 토끼 사랑이 어느 정도냐면..,

자~ 이 먹이통을 들고 돌아다니면서 동물들한테 먹이를 주면 됩니다~^^

네~~~

음?????

°알파카

………,

저벅저벅

염소

………,

………,

저벅저벅

오로지 토끼한테 직진하는 진정 토끼러버이다.

다른 동물들한테도 먹이 주면 안 되겠니??

토끼들아~~ 많이 먹어~^^

제주도 관광지 추천

도치돌 알파카목장

.주   소   제주 제주시 애월읍 도치돌길 303
.운영시간
매일 : 10:00 - 17:30
입장마감 : 17:00
.전화번호   064-799-6690
.입장요금
- 일반(성인/청소년/어린이)   15,000원

. 두아들아빠의 솔직담백 후기

 제주 애월의 푸른 숲속에 있는 도치들 목장에는 귀여운 외모와 독특한 행동으로 사랑받는 알파카와 토끼, 염소, 양 등 다양한 동물들이 있고 규모도 크지 않아 아이들과 함께 간단하게 산책하는 느낌으로 다녀올 수 있습니다.
 크록스를 신으면 안에 돌멩이가 잘 들어가니 꼭 운동화를 신고 가세요.

뜻밖의 지출

서빙로봇

제주도 맛집 추천

영실국수 서귀포중문본점

. 주   소 제주 서귀포시 일주서로 470

. 운영시간

매일 : 09:00 - 19:30

라스트오더 : 19:00

재료소진 시 조기마감

. 전화번호 064-739-8370

. 대표메뉴

– 고기국수

– 영실해물특짬뽕

– 돌문어볶음면

. 두아들아빠의 솔직담백 후기

맛도 좋고 가격도 적당한 편이나 고기국수의 경우 올래국수보다 감동이 좀 덜한 것 같습니다. ㅎ

로봇이 서빙을 해주는 곳은 처음이라 아이들도 저도 신기해하였습니다. (신기신기)

성게

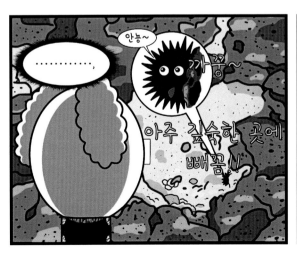

제주도는
생각보다 크다

제주도 관광지 추천

아쿠아플라넷 제주

.주　　소　제주 서귀포시 성산읍 섭지코지로 95
.운영시간
매일 : 09:30 - 18:00
매표 마감시간 : 17:00
.전화번호　1833-7001
.입장요금
- 종합권　　　42,400원

. 두아들아빠의 솔직담백 후기

아이들과 제주도에 오면 꼭 가봐야 하는 핫플레이스!!

귀여운 수중 생물인 물범, 펭귄, 라쿤, 바다사자 등 여러 동물이 있지만, 아이들은 물고기 밥 주는 걸 가장 재밌어했답니다.ㅋㅋㅋ

오션아레나 공연은 꼭 필수로 관람하시길 추천해 드리며, 하루 코스로 아주 제격이니 일정 짜실 때 참고하세요.

● 제주도
● 한달살기
● 5일차 #2

대단한 인연

제주도 한달살기 5일차 #3

봄이 놀리기
개꿀잼

75

제주도
한달살기
6일차 #1

쉼

76 입학선물로 제주도 한달살기를 선물했다

보들이의
보은?

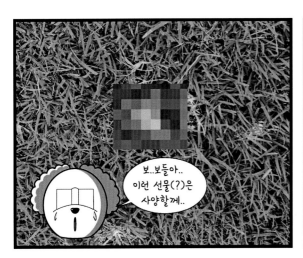

심심해...

스노쿨링

● 제주도
● 한달살기
● 7일차 #1

굳이...

제주도 관광지 추천

뽀로로앤타요 테마파크 제주

.주   소   제주 서귀포시 안덕면 병악로 269

.운영시간

매일 : 10:00 - 18:00

.전화번호   064-742-8555

.입장요금

- 테마파크 종합 이용권 성인   30,000원
- 테마파크 종합 이용권 소인   40,000원
- 타요 트램플린 존 이용권 성인   15,000원
- 타요 트램플린 존 이용권 소인   25,000원
- 뽀로로파크 존 이용권   15,000원
- 뽀로로파크 존 이용권   25,000원....등

. 두아들아빠의 솔직담백 후기

국내 최대 규모의 캐릭터 어트랙션 테마파크 뽀로로앤타요 테마파크 제주.

어른들은 제주도까지 와서 굳이 키즈카페?? 라고 생각하지만,

아이들은 역시 키즈카페!!!!를 외치는 곳입니다..ㅋㅋ

엄청나게 많은 놀거리가 있으니, 하루 날 잡아서 노는 것을 강력히 추천해 드립니다.

83

바이킹

럭키

그림을 그리자

또 바이킹??

제주도 관광지 추천

산방산랜드

.주　　소　제주 서귀포시 안덕면 사계리 117-2

.운영시간

매일 : 09:00 - 18:00

.전화번호　064-794-1425

.이용요금

- 바이킹　　　　　　3,000원
- 회전목마　　　　　3,000원
- 미니바이킹　　　　3,000원
- 사격　　　　　　　3,000원
- 레일썰매　　　　　5,000원....등

.두아들아빠의 솔직담백 후기

　우리나라에서 가장 높이 올라가는 바이킹으로 유명한 산방산랜드입니다.

　외관으로 봤을 때는 오래되고 허름해 보이지만 회전목마, 레일바이크, 양 먹이주기 체험, 미니 바이킹, 트램폴린 등 아이들이 즐길 만한 다양한 놀이시설이 있습니다.

　근처에 용머리해안도 있으니 같이 관람하시면 좋을 듯합니다.

제주도
한달살기
8일차 #2

방방이

어쩔 수 없이

그저 그래요

나중에 왜 할머니한테 그저 그래요 라고 했는지 물어보니,
다 좋은데 바닷가 갔다 와서 씻는 게 너무 힘들어서 그랬다고 합니다..ㅎ ㅎ

제주도 맛집 추천

제주호랭이 사계점

.주 소 제주 서귀포시 안덕면 사계로 3
.운영시간
매일 : 10:30 - 18:30
라스트오더 : 18:15
메뉴 소진 시 조기종료
.전화번호 0507-1426-6211
.대표메뉴
- 수제크림도넛

. 두아들아빠의 솔직담백 후기
　제주호랭이는 유기농 밀가루에 제주산 특산물(말차, 레몬, 우도땅콩 등)로 만든 신선한 크림을 담은 수제크림전문점입니다.
　정말 도넛을 한입 베어 물면 "크림이 미쳤다!!!" 할 정도로 크림이 가득 들어있습니다.
　제주도민들이 먼저 찾는다는 도넛 전문점이니만큼 한번 드셔보세요.

제주도 맛집 추천

돈고팡 산방산점

.주　　소　제주 서귀포시 안덕면 산방로 261

.운영시간

화 : 정기휴무

월, 수, 목, 금, 토, 일 : 13:00 - 22:00

라스트오더 : 21:00

.전화번호　0507-1318-8092

.대표메뉴

- 제주산 흑돼지 근고기
- 제주산 백돼지 근고기

. **두아들아빠의 솔직담백 후기**

엄청난 고기 두께!! 살코기와 지방의 완벽한 비율!! 오겹살과 목살이 입에서 살살 녹아 너무 맛있었습니다.

특히 친절하게 아이들이 먹기 편하게 작게 잘라주시는 직원분의 센스가 아주 최고!!!

덕분에 아이들이 태어나서 가장 많이 돼지고기를 먹은 날이 아닐까?? 할 정도로 많이 먹었습니다.

● 제주도
● 한달살기
● 9일차 #1

만들기는
재밌어

제주도 관광지 추천

버디프렌즈 플래닛

.주   소 제주 서귀포시 천제연로 70

.운영시간

화 : 정기휴무

월, 수, 목, 금, 토, 일 : 10:00 - 18:00

.전화번호 064-798-2000

.입장요금

- 성 인   12,000원
- 청소년   11,000원
- 소 인   10,000원

. 두아들아빠의 솔직담백 후기

 버디프랜즈(제주에서 살고 있는 다섯 마리 멸종 위기종 새를 모티브로 만들어진 캐릭터)와 함께하는 생태문화전시관으로, 신비롭고 소중한 제주도의 자연을 새롭게 발견할 수 있도록 남녀노소 누구나 즐길 수 있는 다양한 전시와 교육 콘텐츠가 준비된 공간입니다.

 아름다운 포토존과 다양한 만들기 체험이 있습니다.

● 제주도
● 한달살기
● 9일차 #2

집중!!!!

달콤한 유혹

제주도 관광지 추천

초콜릿랜드

.주   소 제주 서귀포시 중문관광로110번길 15

.운영시간

화 : 정기휴무

월, 수, 목, 금, 토, 일 : 10:00 - 18:00

입장마감 : 17:30

.전화번호 064-738-1197

.이용요금

- 초콜릿만들기(입장포함) + 동반 1인 무료 입장 12,000원

. 두아들아빠의 솔직담백 후기

  초콜릿 관련 전시는 딱히 아이들의 흥미를 끌지 못했지만, 초콜릿을 만들 때는 엄청난 집중력을 발휘하여 재밌게 만들었고, 직접 만든 초콜릿 모양과 맛 또한 수준급~~^^

제주도 맛집 추천

다정이네김밥 서귀포신시가지점

.**주　　소** 제주 서귀포시 이어도로 796

.**운영시간**

매일 : 08:00 - 20:00

브레이크타임 : 15:00 - 15:30

.**전화번호** 064-739-9140

.**대표메뉴**

- 다정이네 김밥

- 매운 김밥

- 멸치고추 김밥

- 유부 김밥

- 제육 김밥

. **두아들아빠의 솔직담백 후기**

　달걀지단 김밥이 유명하다고 해서 들렀는데, 달걀지단이 정말 듬뿍 들어가 있고, 아이들이 좋아하는 어묵과 햄은 가득, 아이들이 싫어하는 단무지와 당근은 조금 들어 있어서 봄이, 딸기가 아주 맛있게 먹었습니다.

　봄이, 딸기 입맛에 딱 맞았는지 제주도 한달살기 하면서 3번 정도 들려서 먹었습니다.

찰칵찰칵찰칵
찰칵찰칵찰칵

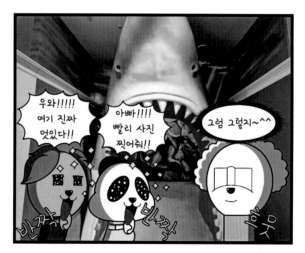

제주도 관광지 추천

박물관은 살아있다 제주

.**주   소** 제주 서귀포시 중문관광로 42

.**운영시간**

매일 : 10:00 - 19:00

입장마감 : 18:00

.**전화번호** 064-805-0888

.**입장요금**

- 성 인   14,000원

- 청소년/군경   13,000원

- 어 린 이   12,000원

. **두아들아빠의 솔직담백 후기**

　사진 찍기 싫어하는 딸기가 사진 많이 찍어달라고 하는 미친 퀄리티의 전시관.

제주도
한달살기
10일차 #1

태풍

● 제주도
● 한달살기
● 10일차 #4

풍덩???

제주도 관광지 추천

무민랜드 제주

. 주   소   제주 서귀포시 안덕면 병악로 420
. **운영시간**
매일 : 10:00 - 19:00
입장마감 : 18:00
. **전화번호** 064-794-0420
. **입장요금**
- 성   인   15,000원
- 청소년   14,000원
- 소   인   12,000원

. **두아들아빠의 솔직담백 후기**

무민이 하마가 아니고 트롤이라는 것을 이번에 처음 안 두아들아빠.

봄이와 딸기는 무민이라는 캐릭터를 1도 모르지만, 감성적인 전시와 놀이공간, 포토존이 많이 있어서 지루해하지 않고 재밌게 관람하였습니다.

다만 "여기 재미없어!!", "나갈래!!!" 라면서 투덜거리는 초등학생 남자아이들을 많이 봤으니, 참고 바랍니다...ㅎㅎ

111

제주도 맛집 추천

오랑우탄면사무소

.주   소   제주 서귀포시 안덕면 산방로 367-1

.운영시간

화, 수 : 정기휴무

월, 목, 금, 토, 일 : 11:00 - 20:00

브레이크 타임 : 15:00 - 17:30

라스트오더 : 14:30, 19:30

.전화번호   0507-1494-8782

.대표메뉴

- 오랑우탄탄면

두아들아빠의 솔직담백 후기

인생 탄탄면을 만나볼 수 있는 오랑우탄면사무소. 마라의 얼얼한 맛과 땅콩 소스의 달콤한 맛이 절묘한 조화를 이루어서 면을 다 먹고, 나중에 밥까지 비벼서 싹싹 다 먹었답니다.

특히 사이드메뉴로 오이무침은 강력 추천!

아이들은 어린이용으로 안 맵게 시켰지만, 낯선 음식이라 그런지 많이 먹지는 못했습니다.

제주도 맛집 추천

국수몽

.주　　소　제주 서귀포시 천제연로207번길 1

.운영시간

화 : 정기휴무

월, 수, 목, 금, 토, 일 : 10:00 - 24:00

.전화번호　064-738-1998

.대표메뉴

- 고기국수

- 보말칼국수

- 비빔국수

- 멸치국수

. **두아들아빠의 솔직담백 후기**

　깔끔한 멸치국수와 새콤달콤한 비빔국수가 땡길 때 추천해 드립니다.

　다만 주차가 어려우니 이점 참고 바랍니다.

제주도 한달살기 11일차 #1

여기는 진짜 아프리카??

114 입학선물로 제주도 한달살기를 선물했다

제주도 관광지 추천

아프리카 박물관

. 주   소 제주 서귀포시 이어도로 49
. 운영시간
매일 : 10:00 - 19:00
. 전화번호 064-738-6565
. 입장요금
- 성 인   10,000원
- 청소년   9,000원
- 소 인   8,000원

. 두아들아빠의 솔직담백 후기
건물부터 남다른 포스를 자랑하는 아프리카 박물관입니다.
아프리카 동물 인형과 아프리카인들의 생활을 느낄 수 있는 가면, 무기 등 다양한 전시와 현대 아프리카 출신 작가님들의 다양한 아트 전시품을 만나볼 수 있습니다.
비 오는 날 아이들이랑 간단하게 1시간 정도 즐길 수 있었습니다.

에라
모르겠다^^

제주도 관광지 추천

여미지식물원

.주   소 제주 서귀포시 중문관광로 93
.운영시간
매일 : 09:00 - 18:00
.전화번호 064-735-1100
.입장요금
- 어 른   12,000원
- 청소년   8,000원
- 어린이   7,000원

. 두아들아빠의 솔직담백 후기
  나무의 꿈과 꽃이 주는 기쁨이 있는 곳 여미지식물원입니다.
  과연 아이들이 식물에 흥미가 있을까?? 하는 생각이 있었는데, 예상보다 재밌게 관람하였습니다.
  그래도 뭐니 뭐니 해도 아이들은 잔디밭에서 뛰어노는 걸 가장 재밌어했습니다..ㅎ

● 제주도
● 한달살기
● 11일차 #3

고양이 키우고 싶다

아..보들이 진짜 너무너무 귀엽다..

야옹~

자..잠시만.., 만약 우리가 서울 갈 때 보들이가 우리를 따라오면 어쩌지???

애들도 보들이 너무 좋아하고, 와이프도 고양이 좋아하니까 괜찮지 않을까??

똥????

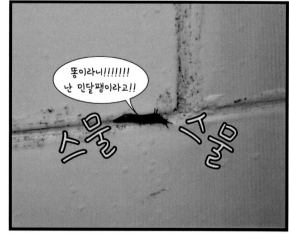

제주도 맛집 추천

류차이

.주   소   제주 서귀포시 중문관광로 330

.운영시간

화 : 정기휴무

월, 수, 목, 금, 토, 일 : 10:00 - 21:00

라스트오더 : 20:10

.전화번호   064-739-4149

.대표메뉴

- 해물짬뽕

- 냉짬뽕

- 항아리짬뽕

- 마라짬뽕

. 두아들아빠의 솔직담백 후기

중문관광단지 근처에 있는 중화요리 식당 입니다.

딸기가 짜장면을 먹고 싶다고 해서 급히 검색해서 들렀는데, 생각 외로 맛있었습니다.

제가 시킨 마라짬뽕의 경우 매운맛이 강한 편이니, 참고하세요~~^^

중문관광단지에서 놀다가 중화요리를 먹고 싶을 때 추천해 드립니다.

귀여운 도둑

베리누나

헬로~ 친구들

베리에요~^^

혹시 딸기가 좋아했던 베리누나 기억해요??

응~ 딸기가 엄청 좋아했잖아

사진출처 : 베리의 헬로토이 (유튜브)

친구들아~ 나랑 같이 온천을 즐기자~^^

얘들아 준비됐지??

그럼 베리누나가 장난감 가지고 온천에 갔던 동영상도 기억나??

응~ 엄청 재밌었어~

지금 가는 산방산 탄산온천이 베리누나가 장난감 가지고 논 바로 그 온천이거든..

오호라~

저도 베리누나처럼 공룡 친구들 데리고 왔어요~~^^

제주도
한달살기
12일차 #3

오히려 좋아^^

제주도 관광지 추천

산방산 탄산온천

.주　　소
제주 서귀포시 안덕면 사계북로41번길 192

.운영시간

매일	실내온천	06:00 - 23:00
	찜질방(불가마)	06:00 - 22:00
	야외노천탕	10:00 - 22:00

.전화번호　064-792-8300

.이용요금

- 대인	13,000원
- 소인	6,000원
- 야외노천탕	5,000원
- 찜질방	2,000원

. 두아들아빠의 솔직담백 후기

아이들의 제주도 최애 관광지 중 하나인 산방산 탄산온천입니다.

물놀이 중 폭우가 내리긴 했지만, 물이 따뜻하고 춥지 않아서 이것도 낭만이지 하면서 놀았습니다.

오전 11시에 도착해서 오후 5시까지 쉬지 않고 놀고도 깜깜해질 때까지 놀고 싶다고 때 쓰는 아이들을 달래고 달래서 겨우 씻기고 저녁까지 먹고 나왔습니다.

참고로 여기 푸드코트가 맛집이기도 하니, 식사도 꼭 하시길 추천해 드립니다.

우와....

모래폭풍

마당에서
놀아요

불꽃놀이

누구세요??

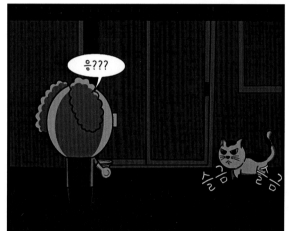

제주도 맛집 추천

제주김만복 서귀포점

.주   소 제주 서귀포시 월드컵로 117

.운영시간

매일 : 09:30 ~20:00

재료소진시 조기마감 / 브레이크타임 없음

.전화번호 0507-1392-8583

.대표메뉴

- 만복이네김밥
- 통전복주먹밥
- 새우주먹밥
- 숯불갈비주먹밥
- 전복컵밥

. 두아들아빠의 솔직담백 후기

아이들이 김밥을 너무 잘 먹어서 마트 근처에 있는 제주 김만복에서 김밥을 먹었습니다.

다정이네 김밥과는 다른 매력의 계란김밥으로 심플하면서도 맛이 좋아서 아이들이 잘 먹었습니다. (아이들은 제주 김만복 김밥보다 다정이네 김밥이 더 맛있다고 합니다.)

만복이네김밥을 먹을 때는 오징어무침을 강력히 추천해 드립니다.

국민학교

제주도 관광지 추천

명월국민학교

.주　　소 제주 제주시 한림읍 명월로 48

.운영시간

매일 : 11:00 - 19:00

라스트오더 : 18:30

.전화번호 070-8803-1955

.대표메뉴

- 너에게 사과

- 에이드 3종

- 명월차(따뜻한)

- 티라미슈 라떼

. 두아들아빠의 솔직담백 후기

　폐교를 개조한 이색 카페, 명월국민학교 입니다.

　11시 오픈이라서 11시20분쯤에 도착했는데, 벌써 사람들로 북적북적하더군요.

　입장료는 따로 없지만 성인 1명당 음료 1잔은 필수입니다.

　옛날 학교의 정겨운 분위기와 다양한 작품, 아기자기한 소품을 구경하는 재미가 쏠쏠하며, 아이들이 좋아할 만한 뽑기와 게임도 있어서 아이들도 충분히 즐길 수 있는 카페입니다.

핑크핑크핑크

제주도 관광지 추천

헬로키티아일랜드

.주　　소
제주 서귀포시 안덕면 한창로 340

.운영시간
매일 : 09:00 - 18:00

입장마감 : 17:00

.전화번호 064-792-6114

.입장요금

- 성인　　　　14,000원
- 청소년　　　13,000원
- 어린이　　　11,000원

. 두아들아빠의 솔직담백 후기

여기도 핑크, 저기도 핑크, 어딜 봐도 핑크인 곳 헬로키티 아일랜드입니다.

핑크를 사랑하는 딸기는 귀여운 헬로키티랑 귀요미 포즈로 사진을 왕창 찍었답니다.

하지만 무민랜드와 마찬가지로 초등학생 엉아들은 별로 좋아하지 않는 것 같으니, 참고하세요~ㅎ

모자 만들기와 손거울, 뱃지 만들기 체험도 있으니, 시간이 되면 꼭 한번 해보시는 것을 추천해 드립니다.

미역이 풍년

제주도
한달살기
14일차 #4

귀찮음

143

제주도
한달살기
15일차 #1

이건 또 뭐야!!

제주도
한달살기
15일차 #2

오덕아빠

세이버 (아서왕)

제주도 관광지 추천

소인국 테마파크

.주   소
제주 서귀포시 안덕면 중산간서로 1878

.운영시간
매일 : 09:00 - 17:30
입장마감 : 16:40

.전화번호   064-793-5400

.입장요금
- 어른   12,000원
- 청소년, 군인, 경로, 장애인   9,000원
- 어린이   7,000원

. 두아들아빠의 솔직담백 후기
　국내 최대 미니어처 테마파크이며, 약 30개국 100여 점의 미니어처로 제주도에서 세계여행이 가능한 소인국테마파크입니다.
　퀄리티도 상당해서 아이들이 초반에는 흥미롭게 관람하였으나, 날씨가 너무 더워 아이들이 힘들어해 후반에는 빠른 스피드로 관람하고 나왔습니다.ㅎㅎ

까~~~

제주도 관광지 추천

이상한나라의 앨리스

. 주   소
제주 서귀포시 안덕면 중산간서로 1881

. 운영시간
매일 : 09:00 - 17:00
입장마감 : 16:30

. 전화번호   064-794-4700

. 입장요금
- 어른   6,000원
- 청소년, 어린이   5,000원

. 두아들아빠의 솔직담백 후기

이름이 이상한 나라의 앨리스이지만 정작 이상한 나라의 앨리스 컨셉은 별로 없는 거울 미로 집~ㅎ

어두워서 처음에는 딸기가 무서워했지만, 미로를 좋아하는 듬직한 형아 봄이의 리드로 딸기도 점차 재미있게 미로를 즐겼습니다.

하지만 중간에 왜 있는지 모를 공포테마존이 있어서 봄이, 딸기 둘 다 두 눈 꼭 감고 아빠 손만 잡고 나왔답니다~ㅋㅋ

신신당부

제주도 관광지 추천

바이나흐튼 크리스마스박물관

.주 소
제주 서귀포시 안덕면 평화로 654

.운영시간
매일 : 10:30 - 18:00

.전화번호 0507-1328-7976

.입장요금
- 입장료 무료(기부금으로 운영)

. 두아들아빠의 솔직담백 후기

이름도 어려운 365일 내내 크리스마스를 즐길 수 있는 바이나흐튼 크리스마스박물관입니다.

너무나 예쁘고 사랑스러운 크리스마스 장식들부터 앤틱 잡화들까지 눈이 행복하답니다. (아이들이 뛰어다니다가 와장창하지 않을까 조마조마하는 건 비밀..ㅋㅋ)

입소문 난 수제 맥주까지 있으니 맥주 마니아라면 강력 추천!!!

기쁘다 엄마
오셨네~

제주도
한달살기
16일차 #2

용을 찾아라

제주도 관광지 추천

일출랜드

. 주   소
제주 서귀포시 성산읍 중산간동로 4150-30
. 운영시간
매일 : 09:00 - 18:00
매표마감 : 16:00
. 전화번호 064-784-2080
. 입장요금
- 어른   12,000원
- 경로   10,000원
- 청소년   8,000원
- 어린이   7,000원

. 두아들아빠의 솔직담백 후기

일출랜드는 수변공원, 민속촌(제주 종가집초가 재현), 선인장 온실, 아열대식물원, 조각의 거리 등 다양한 테마로 조성되어 있습니다만, 두아들아빠네는 오로지 미천굴을 보러 일출랜드에 왔다고 해도 과언이 아닙니다. ㅋㅋ

미천굴 내부는 쌀쌀하고 천장에서 물방울도 떨어지니 모자와 외투를 챙기시고, 바닥도 매우 미끄러우니 운동화를 신어 주세요.

※ 반려동물 동반 입장 가능 ※

제주도 한달살기 16일차 #3

미로는 싫어!

하지만 우리의 바람과는 다르게, 고흐의정원은 입장하면 무조건 미로찾기부터 시작해야 했다.

제주도 관광지 추천

고흐의정원

. 주   소

제주 서귀포시 성산읍 삼달신풍로 126-5

. 운영시간

매일 : 09:30 - 18:30

입장마감 : 17:30

. 전화번호   064-783-6700

. 입장요금

- 대인   12,000원

- 청소년   10,000원

- 소인   8,000원

. 두아들아빠의 솔직담백 후기

　반강제적으로 즐기는 미로정원과 고흐와 파충류가 무슨 관계인지 모르겠지만 파충류체험관도 있는 고흐의 정원입니다.

　디지털 기술을 이용한 현대적 접근법을 사용해 작품을 재해석하여 살아 숨 쉬는 반 고흐의 작품을 경험할 수 있는 복합뮤지엄 미술 체험 전시관입니다.

　어플을 깔고 사진을 찍으면 사진이 움직이는데 아이들이 많이 신기해하였습니다.

그주만의 재회

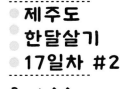
좋다^^

제주도
한달살기
17일차 #3

기특한 딸기

제주도가 참 좋아

163

좀 나가자!!!

제주도 관광지 추천

브릭캠퍼스 제주

.주   소
제주 제주시 1100로 3047
.운영시간
매일 : 10:00 - 18:00
.전화번호   064-712-1258
.입장요금
- 예매 입장권 1매 (10% 할인)   14,400원
- 예매 입장권 1매 + 초코브릭   25,200원
- 예매 입장권 1매 + 브릭 키링   20,800원

. 두아들아빠의 솔직담백 후기

 말이 필요 없을 정도로 레고를 좋아하는 아이들이라면 정말 정말 초 강추!!!
 단점이 있다면 아이들이 나갈 생각을 하지 않으니, 각오 단단히 하고 오시기를....ㅋㅋ

● 제주도
● 한달살기
● 18일차 #2

또 사 먹겠다고?

제주도 관광지 추천

제주시민속오일시장

. 주   소
제주 제주시 오일장서길 26
. 운영시간
평일 : 08:00 - 18:00
토요일 : 09:00 - 18:00
매월 2, 7, 12, 17, 22, 27일 마다 열리는 5일장
(폐점 시간은 점포마다 상이 합니다.)
. 전화번호   064-743-5985

. 두아들아빠의 솔직담백 후기
제주도 오일시장 중 가장 규모가 큰 오일시장답게 볼거리, 먹거리, 살 거리 등이 다양합니다.
아이들은 뭐니뭐니 해도 금붕어랑 앵무새 등 동물들 구경하는 걸 가장 재밌어 하더군요.
날이 무더워 슬러시만 잔뜩 사 먹고 금방 나왔습니다..ㅋㅋ

제주도 맛집 추천

제주예찬 공항본점

.**주　　소** 제주 제주시 1100로 2997

.**운영시간**

매일 : 09:00 - 21:00

브레이크 타임 : 15:00 - 17:00

라스트오더 : 20:00

.**전화번호** 064-746-0403

.**대표메뉴**

- 제주 은갈치 조림 한상(2인)

- 제주 은갈치 구이 한상(2인)

- 제주 고등어 구이 한상(2인)

- 제주 고등어 조림 한상(2인)

. **두아들아빠의 솔직담백 후기**

브릭캠퍼스 제주 바로 옆에 있는 제주 은갈치 전문점 제주예찬입니다.

어른들은 성게비빔밥, 아이들은 떡갈비 정식해서 먹었는데, 모두 맛있게 먹었습니다.

다만 다른 메뉴들의 경우 안 좋은 리뷰가 종종 보이고, 호불호가 갈리는 게 많이 있는 거 같으니 참고 바랍니다.

제주도 맛집 추천

중문고등어쌈밥

.주　　소　제주 서귀포시 일주서로 1240
.운영시간
매일 : 09:30 - 21:00
라스트오더 : 20:00
.전화번호 0507-1361-2457
.대표메뉴
- 묵은지 고등어쌈밥 + 전복돌솥밥
- 옥돔구이 + 전복돌솥밥
- 고등어구이 + 전복돌솥밥

. 두아들아빠의 솔직담백 후기
잘 익은 묵은지와 고등어의 완벽한 조화!! 그리고 전복돌솥밥까지!!

여태까지 점심은 아이들의 입맛에 맞춰 국수 및 자극적이지 않은 음식을 주로 먹었는데, 와이프가 함께 있으니 그동안 못 먹었던 맵고 짠 음식을 먹었더니, 저도 모르게 눈물 한 방울을 뚝 하고 흘릴 뻔했답니다..ㅋㅋ

아이들은 고등어구이를 시켜주었는데, 밥 한 그릇 뚝딱 해치웠습니다.

가게 밖에 정원도 너무 예쁘니 식사 후 간단한 산책도 추천!!

고등어회

제주도 한달살기 18일차 #4

한가지 불만

제주도 맛집 추천

미영이네

.주　소
제주 서귀포시 대정읍 하모항구로 42
.운영시간
수 : 정기휴무
월, 화, 목, 금, 토, 일 : 11:30 - 22:00
라스트오더 : 20:30
.전화번호　064-792-0077
.대표메뉴
- 고등어회
- 방어회(10월~3월)
- 고등어구이

. 두아들아빠의 솔직담백 후기
단연코 최고의 고등어회 맛집 미영이네입니다.
일반적으로 고등어회는 비리다는 인식이 있어서
선뜻 먹어보지 못했는데, 미영이네 고등어회를
먹어보고 고등어회가 고소하다는 것을 처음 알게
되었습니다.
김 위에 양념밥(고등어밥) + 고등어회 + 양념장
야채(양파.미나리.고추) + 쌈장과 함께 먹으면 진
짜 짱짱 맛있습니다~~!!!
웨이팅을 한 1시간 정도 했지만 웨이팅 시간이
전혀 아깝지 않을 정도로 정말 최고의 맛집이었
습니다.

제주도 한달살기 19일차 #1

제주도 스냅사진

제주도 한달살기 요모조모

제주도 가족 스냅사진

약 3년 전. '나 혼자 산다 이시언 배우님 이별 여행' 편을 보는데, 제주도에서 맴버들끼리 단체 사진을 찍는 장면을 보고 '제주도에서 가족사진을 찍으면 너무 좋겠다'라는 생각이 들었습니다.

그렇게 시간이 흘렀고 정말로 제주도 한달살기를 하게 된 우리는 김녕해수욕장에서 가족사진을 찍기로 하였습니다.

김녕해수욕장에서 촬영하려면 오전이 좋다는 사진기사님 말에, 아침 일찍 일어나 숙소에서 약 40분 정도 걸리는 김녕까지 이동했고, 더워서 아빠랑 딸기 얼굴에 땀이 줄줄 흐르기도 하였지만, 너무나 즐겁게 촬영하였고 멋진 추억과 만족스러운 가족사진을 찍을 수 있었습니다.

여러분들도 제주도 여행을 가신다면, 멋있고 아름다운 제주도 배경으로 가족사진을 찍어보는 건 어떠신가요?^^

이래야 내 아들이지

제주도 관광지 추천

김녕해수욕장

.주　　소　제주 제주시 구좌읍 김녕리

. **두아들아빠의 솔직담백 후기**

　코발트 빛 바다와 곱디고운 하얀 모래사장이 아름다운 제주도 대표 해수욕장 김녕해수욕장입니다. 제주도 대표 해수욕장답게 파도도 잔잔하고, 물도 깊지 않아 아이들과 함께 수영하기 딱 좋은 해수욕장입니다.

　해수욕장 근처에 샤워장이 있긴 하지만 뜨거운 물이 나오지 않습니다. 온수 샤워가 가능한 김녕용암해수사우나가 차로 3분 거리에 있으니, 어린 자녀가 있으면 여기를 이용하는 것을 추천해 드립니다.

김녕용암해수사우나 .주　　소　제주 제주시 구좌읍 김녕로21길 8

　　　　　　　　　.운영시간　매달 2, 4번째 수요일 : 정기휴무

　　　　　　　　　　　　　　월, 화, 수, 목, 금, 토, 일 : 05:30 - 21:00

　　　　　　　　　.전화번호　064-782-5033

　　　　　　　　　.이용요금　대인 : 5,000원, 초등 : 3,000원, 소인(4~7세) : 2,000원

제주도
한달살기
19일차 #3

으이구

제주도 관광지 추천

사려니숲길

.주　　소　　제주도 서귀포시 표선면 가시리 산158-4

　　　　　　　티맵주소 ： 한라산둘레길 사려니숲길 입구(붉은오름방향)

.운영시간　　매일 ： 09:00 - 17:00

. 두아들아빠의 솔직담백 후기

　와이프가 사려니숲길을 가보고 싶다고 해서, 별생각 없이 티맵으로 사려니숲길 주차장을 찍어서 갔는데, 이게 웬걸??? 여기는 와이프가 원했던 사려니숲길 입구가 아니더군요. (미안미안)

　그래도 이왕 왔으니, 아이들과 숲길을 걸었는데, 무더위가 느껴지지 않을 만큼 시원했고 조용한 숲길을 보고 걸으며 웃으면서 대화하다 보니 시간 가는 줄 몰랐습니다.

　그래도 사려니숲길을 제대로 즐기시려면 '한라산둘레길 사려니숲길 입구(붉은오름방향)'로~

　간단하게 아이들과 함께 사려니숲길을 걸으시려면 '사려니숲길 주차장'으로~

움찔

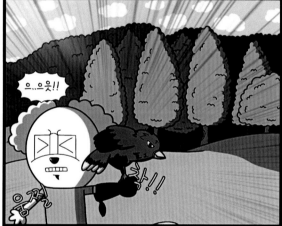

제주도 관광지 추천

화조원

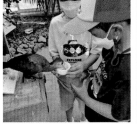

.주 소
제주 제주시 애월읍 애원로 804

.운영시간
11~3월 : 09:00 - 17:30
4~10월 : 09:00 - 18:00

.전화번호 0507-1388-9988

.입장요금
- 대인   18,000원
- 청소년   16,000원
- 어린이   14,000원

. 두아들아빠의 솔직담백 후기

입장료에 알파카, 사랑앵무, 토끼, 오리, 앵무새 먹이 포함입니다.

살아있는 독수리들을 가까이서 볼 수 있는데, 독수리를 이렇게 가까이 봐도 괜찮나? 하면서도 멋지게 날아야 할 독수리가 다리에 줄이 묶여 있는 게 좀 안쓰럽기도 하였습니다.

그 외 다양한 동물들이 있고, 독수리의 멋진 비행을 관람할 수 있는 공연도 있으니 꼭 관람하시길 추천해 드립니다.

제주도
한달살기
20일차 #1

무지개

제주도 관광지 추천

송악산둘레길

.**주　　소**　제주 서귀포시 대정읍 상모리 245

. **두아들아빠의 솔직담백 후기**

　개인적으로 제주도 둘레길 중에서 으뜸이라고 생각되는 송악산 둘레길입니다.

　송악산 둘레길은 경사가 완만하여 아이들과 부담 없이 걸을 수 있고, 걷다 보면 산방산이 한눈에 담기고, 시야 좋은 날에는 가파도, 마라도까지 선명하게 보이는 등 전망이 정말 끝내줍니다.

　입구 근처에 주차장도 잘 마련되어 있고, 주차비, 입장료도 없으니 시간 되시면 둘러보시길 추천해 드립니다.

제주도 맛집 추천

소랑드르

. 주　소
제주 제주시 조천읍 비자림로 666
. 운영시간
매일 : 11:00 - 19:00
. 전화번호　064-783-9846
. 대표메뉴
- 수제돈까스
- 이태리짬뽕
- 바다칼국수
- 생연어덮밥

. 두아들아빠의 솔직담백 후기
　저희는 바다칼국수, 수제돈까스, 생연어덮밥을 먹었는데 모두 맛있었습니다.
　바다칼국수는 정말 해산물이 푸짐했고, 야외에 드넓은 잔디마당이 있어 밥 먹고 아이들이 뛰어놀기 좋아 보였습니다.
　에코랜드에 가실 일정이 있으시다면 한번 들리시면 좋을 것 같습니다.

제주도 한달살기 20일차 #2

웨이팅

제주도 맛집 추천

제주선채향

. 주   소
제주 서귀포시 안덕면 사계남로84번길 6
.운영시간
월 : 정기휴무

화 ~ 일 : 11:00 - 16:00

재료소진시 조기마감
.전화번호   064-794-7177
.대표메뉴
- 전복칼국수

- 전복죽

- 전복회

. 두아들아빠의 솔직담백 후기
인생 전복칼국수와 전복죽을 만나볼 수 있는 선채향입니다.

전복이 있어서 비리지 않을까? 하는 걱정을 했지만 정말 그런 걱정은 정말 노노!!!

하나도 비리지도 자극적이지도 않고, 고소하고 맛있어서 저랑 와이프는 먹는 내내 감동의 연속이었습니다. (물론 아이들은 시큰둥했지만요....ㅋㅋ)

워낙 유명한 맛집이라 '테이블링'앱으로 원격 줄서기는 필수입니다.

다만 젊은이들은 모두 앱으로 원격 줄서기를 하는데, 어르신들은 그러시지 못해 맛있는 음식을 드시지 못하는 모습이 괜히 서글퍼지긴 했습니다.

을씨년스러운데?

제주도 관광지 추천

신화테마파크

.주 소
제주 서귀포시 안덕면 신화역사로304번길 98

.운영시간
매일 : 10:00 - 20:00

.전화번호 1670-1188

.입장요금
- 입장료   무료
- 자유이용권   27,000원(시즌가)
- 빅3   18,000원
- 싱글라이드   7,000원

ᆞ두아들아빠의 솔직담백 후기
순전히 불꽃놀이를 보러 간 신화테마파크

무료입장이며, 규모가 크고 놀이터도 잘 되어 있어서 아이들이 재미있게 놀았습니다.

하지만 규모에 비해 사람들이 별로 없고, 테마파크 안에는 마땅히 식사할 곳도 없었습니다.

신화테마파크 안에 있는 매장에서도 티켓을 구매할 수 있으니, 참고하세요.

불꽃놀이2

● 제주도
● 한달살기
● 21일차 #1
첫경험

제주도 맛집 추천

온오프

. 주 소

제주 제주시 우도면 우도해안길 876

.운영시간

매일 : 11:00 - 16:00

라스트오더 : 15:30

우도 배 안뜨는날 휴무

.전화번호   0507-1346-9807

.대표메뉴

- 제주흑돼지 깻잎안심돈까스

- 바질 치즈 돈까스

- 제주흑돼지 치즈돈까스

. 두아들아빠의 솔직담백 후기

봄이, 딸기가 제주도에서 먹었던 음식 중에서 가장 베스트로 뽑는 하고수동해수욕장 뷰와 돈까스 맛이 환상적인 돈까스 맛집 온오프입니다.

1인 1메뉴가 원칙이라서 제주흑돼지 바질 치즈 돈까스, 제주흑돼지 돼지고기너비튀김, 제주흑돼지 치즈돈까스 이렇게 무려 3개를 시켰는데, 진짜 3개를 모두 시킨 것이 너무나 다행일 정도로 돈까스가 모두 맛있었습니다.

제주도 한달살기 요모조모

환상의 섬 "우도"

만약 제주도 한달살기 중 아쉬웠던 것이 있냐고 물어보신다면 저는 우도에서 1박을 하지 않은 것이라고 대답할 것입니다.

그만큼 우도에도 제주도 못지않게 맛있는 맛집과 카페, 멋진 해변과 관광지가 많이 있었는데, 이걸 모르고 당일치기로 놀러 간 것이 정말 한이 맺힐 정도로 아쉬웠습니다. (괜히 우도를 환상의 섬이라고 부르는 게 아니더군요.)

우도 여행을 계획하시고 있다면 개인적으로 꼭 1박을 하실 것을 강력히 추천해 드리며, 제주도에서 우도까지 가는 방법을 알려드리도록 하겠습니다.

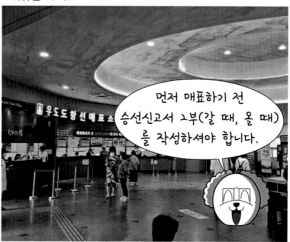

먼저 매표하기 전 승선신고서 2부(갈 때, 올 때)를 작성하셔야 합니다.

※ 꼭 승선자 전원 신분증(아이들은 주민등록등본)을 소지해야 합니다. ※

. 제주도 우도 여행 배 타는 곳 :
성산포항종합여객터미널 (제주 서귀포시 성산읍 성산등용로 112-7)

. 전화번호 : 064-782-5671

. 선박요금 :

성인(왕복)	10,500원
중 · 고등학생(왕복)	10,100원
초등학생(왕복)	3,800원
2~7세(왕복)	3,000원
차량승선(왕복)	21,600 ~ 61,000원

. 전화 및 인터넷 등 예약이 불가하며, **현장 예매만 가능**합니다.

. 배 시간 : 7시 30분부터 18시까지 30분 간격으로 있습니다.

. **우도까지는 약 10분 ~ 15분 정도 걸립니다**

우도 진입 허용 차량은 임산부, 65세 이상 경노, 7세 미만 영유아, 대중 교통이용 약자, 장애인, 업무용 차량, 우도에서 숙박예약자 렌트카 이렇게 가능하니 참고하세요.

　그렇게 우도에서 신나게 놀고 다시 제주도로 돌아가는 두아들아빠네.

　참고로 우도에는 천진항, 하우목동항 두 개의 항구가 있습니다.

　두 항구 어디를 가도 다시 성산포항종합여객터미널로 가니 가까운 항구를 선택하시면 됩니다.

　(참고로 제가 우도 올 때는 천진항에서 내리고 제주도 갈 때는 하우목동항으로 갔는데, 다른 항구 모습에 순간 당황했었습니다.ㅎㅎ)

　우도야 안녕~~다음에는 좀 더 오래 있을게~~^^

문어

제주도
한달살기
21일차 #3

강풍

제주도 관광지 추천

하고수동해수욕장

. 주　　소　제주 제주시 우도면 연평리

. 두아들아빠의 솔직담백 후기

에메랄드빛 바다와 고운 모래가 반기는 우도 대표 해변 하고수동해수욕장입니다.

해수욕장 근처에 투명 카약이 있어 타보고 싶었지만, 시간이 별로 없어 못 탄 것이 개인적으로 아쉬웠습니다.

대신 저희는 운이 좋아서 문어를 봤는데 아이들이 엄청 신기해하더군요~ㅎㅎ

해수욕장 근처에는 새로 지은 유료 샤워실이 있고 온수도 잘 나오지만, 씻는 타이밍이 안 좋으면 너무나 많은 사람이 들어와 씻는 게 너무너무 힘들다는 사실..ㅠㅠ

제주도 맛집 추천

안녕, 육지사람 우도점

.주 소
제주 제주시 우도면 우도해안길 802
.운영시간
매일 : 10:30 - 18:00

라스트오더 : 17:00
.전화번호 0507-1441-8206
.대표메뉴
- 땅콩 흑돼지버거
- 땅콩 아이스크림
- 감귤톡톡에이드
- 크림치즈 흑돼지버거

. 두아들아빠의 솔직담백 후기
우도에 왔으면 양심적으로 땅콩 아이스크림은 먹어줘야 하지 않겠습니까???ㅋㅋ

하고수동해수욕장 바로 근처에 있는 작지만, 휴양지 느낌이 물씬 풍기는 감성 넘치는 카페 안녕, 육지사람입니다.

바다를 바라보면서 먹는 땅콩 아이스크림 맛은 아직도 잊지 못할 정도로 황홀했습니다.

여기가 땅콩 버거 맛집이기도 한데 나 혼자 산다에서 김광규 배우님이 버거를 드시기도 했답니다..ㅎㅎ

벌레다!!!

제주도 한달살기 22일차 #1

카트라이더

제주도 관광지 추천

윈드1947 테마파크

.주 소
제주 서귀포시 토평공단로 78-27
.운영시간
매일 : 10:00 - 18:00
매표마감 : 17:30
.전화번호 064-733-3500
.이용요금
- 1인용-기본형(3회전)   30,000원
- 1인용-실속형(4회전)   35,000원
- 2인용-기본형(3회전)   40,000원
- 2인용-실속형(4회전)   45,000원

. 두아들아빠의 솔직담백 후기

　아시아 최장길이 코스를 보유한 제주 유일의 서킷형 레이싱 카트를 즐길 수 있는 윈드 1947테마파크입니다.

　일반 카트장과는 비교가 안 될 정도로 코스가 길고 카트의 속력도 빨라 제대로 된 카트를 즐길 수 있습니다.

　스피드 구간에서 액셀을 조금 밟았더니 같이 탔던 봄이가 "끼야호~~~~~" 하면서 즐거워하는 모습이 아직도 생생하네요..ㅎ

오름

제주도 관광지 추천

제지기오름

.주   소   제주 서귀포시 보목동 275-1

. 두아들아빠의 솔직담백 후기

 아늑한 보목마을 안에 있는 작은 오름 제지기오름입니다.

 식당에서 밥 먹고 나오는데 바로 옆에 오름이 있어 검색해 보니 걸어서 15분(약 400m)이면 오를 수 있다고 해서 아이들을 열심히 설득해 올라가 봤습니다.

 올라가다 보면 여러 종류의 식물들이 뒤엉켜 자라 흡사 밀림과 같은 모습을 볼 수 있는데, 너저분하다는 느낌이 들지는 않았고, 누구나 쉽게 오를 수 있도록 잘 정비해 두었습니다.

 아이들이 힘들어할 때쯤, 정상에 도착했고 정상에는 무료로 볼 수 있는 망원경이 있어서 섬이랑 바다를 실컷 구경했습니다.

제주도 한달살기 22일차 #3

마당에서 고기를~

제주도 맛집 추천

벼레별씨

.주 소
제주 서귀포시 안덕면 사계남로 80 A동

.운영시간
매일 : 11:00 - 18:00
개인 사정으로 휴무할 때가 있으니 확인 요망

.전화번호 0507-1399-7530

.대표메뉴
- 벼레별라떼
- 자몽에이드
- 한라봉에이드

. 두아들아빠의 솔직담백 후기
제주 특유의 돌담과 시골집 건축의 아름다움을
풍기고 있는 카페와 푸른 정원, 아기자기한 실
내장식 등 보는 것만으로도 힐링이 되는 곳입니
다.
물론 음료, 디저트 모두 맛있고 사장님도 너무
나 친절했습니다.
하지만 개인적으로 좌석이 조금 불편하긴 했습
니다.

분리수거도
즐거워

제주도 분리수거

제주도에서 쓰레기를 버릴 때는 근처에 있는 클린하우스를 찾아서 버리셔야 합니다.
(일반쓰레기(종량제)와 재활용품 모두 버릴 수 있음)

. 월, 수, 금 : 플라스틱
. 화, 토 : 종이류, 불에 안 타는 쓰레기
. 목 : 종이류, 비닐류
. 일 : 플라스틱류, 비닐류
. 매일 : 스티로폼, 병, 캔, 일반쓰레기, 음식물
. 쓰레기 버리는 시간(공통) : 오후 3시 ~ 다음 날 새벽 4시

음식물 쓰레기를 버릴 때는 티머니카드가 필수입니다.
편의점에서 충전식 티머니카드를 구매해서 5천 원 정도 충천한 후 사용하면 됩니다.

제주도 한달살기 23일차 #1

납치1

제주도
한달살기
23일차 #2

또???

211

누가
제주도민인가?

질투??

213

납치2

제주도 한달살기 꿀템

제주도 관광지 팜플렛

즐겁고 행복한 제주도 한달살기를 위해서는 무엇보다 아이들이 좋아하는 관광지 위주로 가야 합니다. (잠시 부모님들의 취향은 고이 접어두세요...ㅎㅎ)

한달살기 전 아이들이랑 제주도 관광책으로 가고 싶은 곳을 골라보긴 했지만, 계획은 바뀌기 마련이죠. (날씨 상태라든지, 아이들 컨디션이라든지..)

이럴 때 제주도 돌아다니면서 보이는 팜플렛을 전부 모아두고, 저녁때 "내일 가고 싶은 곳 있으면 골라보세요~~" 라고 하면 아이들이 신나하며 팜플렛을 들춰봅니다.

그렇게 아이들이 원하는 곳을 골라서 가면 아이들은 재밌고 신나게 놀고, 그런 아이들의 모습을 보면 엄마, 아빠도 흐뭇합니다.

잊지 마세요. 꼭 제주도 한달살기 관광지는 아이들이 좋아하는 곳으로 갈 것!!!

제주도
한달살기
24일차 #2

사악해

제주도 관광지 추천

신화워터파크

.주　　소
제주 서귀포시 안덕면 신화역사로304번길 38
.운영시간
매일 : 12:00 - 20:00
.전화번호　1670-1188
.입장요금
- 4/1~5/4, 10/4~12/31　　　36,000원(시즌가)
- 5/5~7/7, 8/28~10/3　　　45,000원(시즌가)
- 7/8~8/27　　　　　　　63,000원(시즌가)

. 두아들아빠의 솔직담백 후기

두아들아빠네 제주도 한달살기 마지막 여행지는 바로 신화워터파크

리뷰에 입장료가 비싸고 놀게 없다고 해서 가기를 망설였지만, 아이들이 워낙 워터파크를 좋아하니 과감하게 Go!!!!!!

확실히 놀이기구가 적긴 했지만, 놀이기구를 타지 않는 봄이와 딸기에게는 전혀 문제 될 것이 없었습니다.

입장료가 사악한 거 빼고는 만족스러웠습니다..ㅎㅎ

● 제주도
● 한달살기
● 24일차 #3

고맙습니다

제주도 맛집 추천

원앤온리

. 주   소
제주 서귀포시 안덕면 산방로 141
. 운영시간
매일 : 09:00 - 19:00
라스트오더 : 18:30
. 전화번호 0507-1323-6186
. 대표메뉴
- OAO버거
- 비프파니니
- 산방산 케이크

. 두아들아빠의 솔직담백 후기

 제주에서 가장 길고 고요한 황우치해변을 홀로 품고 뒤에는 산방산을 지붕 삼고 있는 감성 카페의 끝판왕!! 완전 핫플레이스!! 원앤온리입니다.

 위에서 거창하게 이야기한 만큼 정말 뷰 맛집인 건 완전 킹인정!!

 음료수와 디저트는 맛있긴 하지만 가격은 조금 비싼 편입니다...ㅋㅋ

 그래도 제주도에서 오시면 꼭 한번 들러보면 좋을 카페입니다.

제주도 한달살기 24일차 #4

마지막 밤

내일이면 서울에 가야 한다니.. 실감이 안 난다..

나도..

여보 없이 2주 동안 애들을 나 혼자 잘 볼 수 있을까 엄청나게 걱정 많이 했는데..,

말 안 듣고, 혹시라도 아프면 어쩌나 하는 생각에 처음에는 잠도 잘 못 잤어..

그런데 애들이 내 말을 잘 들어주고, 많이 떼쓰지 않고 무엇보다 한달살기 하는 동안 아프지 않아서 너무너무 고마웠어

못난 아빠 믿고 잘 따라와 준 봄이, 딸기 진짜 최고야

아이들 입학선물로 온 제주도 한달살기인데, 아이들보다 내가 더 많이 즐기고 행복한 시간을 보낸 거 같아..

여보도~

수고했어~

제주도 한달살기 요모조모

제주도 한달살기를 마치고

길다면 길고 짧다면 짧은 24박 25일의 제주도 한달살기가 끝이 났습니다.

돌이켜 보면 정말 모든 게 다 좋았습니다.

비행기와 차량 탁송을 하는데 문제 하나 없이 잘 마무리되었고, 숙소는 두말할 것 없이 좋았습니다. 우리에게 기쁨과 행복을 주었던 제주도의 관광지와 맛집, 환상적인 자연풍경과 산방산의 웅장한 모습은 아마 평생 잊지 못할 것입니다.

하지만 무엇보다 제주도 한달살기를 하면서 아프지 않고, 아빠 말을 잘 들어준 봄이 딸기에게 정말로 고마웠습니다.

아이들 입학선물로 제주도 한달살기를 선물했지만, 아이들보다 제가 더 큰 선물을 받은 거 같습니다. 기회가 된다면 꼭 다시 한번 제주도 한달살기를 하고 싶네요.

부족한 아빠를 믿고 제주도 한달살기를 따라와 준 봄이, 딸기, 여보 고마워요~ 사랑해요~♡♡

보들아 안녕

● 제주도
● 한달살기
● 25일차 #2

약속

● 제주도
● 한달살기
● 에필로그

소망나무

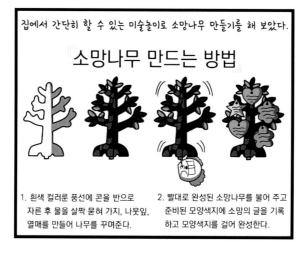

집에서 간단히 할 수 있는 미술놀이로 소망나무 만들기를 해 보았다.

「소망나무 만드는 방법」

1. 흰색 컬러룬 풍선에 콘을 반으로 자른 후 물을 살짝 묻혀 가지, 나뭇잎, 열매를 만들어 나무를 꾸며준다.

2. 빨대로 완성된 소망나무를 불어 주고 준비된 모양색지에 소망의 글을 기록하고 모양색지를 걸어 완성한다.

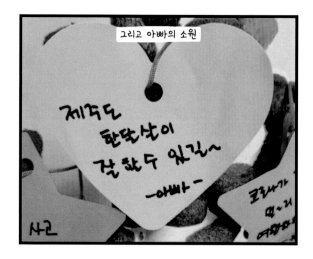